江苏省气候变化评估报告
决策者摘要

《江苏省气候变化评估报告》编写委员会

内容简介

《江苏省气候变化评估报告》分析江苏省近50余年的气候变化事实及其未来的可能趋势,评估其对江苏省经济社会、环境生态等重要领域的影响,并提出适应性对策建议。全书分为三部分,共十六章,第一部分共五章,主要介绍江苏省气候变化事实。第二部分共六章,主要分析气候变化对农业、水资源、能源活动、交通、生态系统和人体健康的影响,并提出对策与建议。第三部分共五章,主要分析气候变化对太湖蓝藻、沿江城市带、海岸带、江淮之间特色农业、淮北旱作物的影响,并提出对策与建议。

本书以《江苏省气候变化评估报告》为基础,根据其主要科学结论进一步凝练,形成《江苏省气候变化评估报告决策者摘要》,可供江苏省各级决策部门,以及气候、气象、经济、农业、水文、生态与环境等领域的科研与教学人员参考使用。

图书在版编目(CIP)数据

江苏省气候变化评估报告决策者摘要 /《江苏省气候变化评估报告》编写委员会编. --北京:气象出版社,2017.1

ISBN 978-7-5029-6514-3

Ⅰ.①江… Ⅱ.①江… Ⅲ.①气候变化-研究报告-江苏 Ⅳ.①P467

中国版本图书馆 CIP 数据核字(2017)第 004278 号

出版发行:气象出版社

地　　址:北京市海淀区中关村南大街 46 号　　邮政编码:100081
电　　话:010-68407112(总编室)　010-68409198(发行部)
网　　址:http://www.qxcbs.com　　E-mail:qxcbs@cma.gov.cn
责任编辑:陈 红　　　　　　　　　　　　终　审:邵俊年
责任校对:王丽梅　　　　　　　　　　　　责任技编:赵相宁
封面设计:博雅思企划
印　　刷:北京中新伟业印刷有限公司
开　　本:880 mm×1230 mm　1/32　　印　张:1.25
字　　数:21 千字
版　　次:2017 年 1 月第 1 版　　　　　　印　次:2017 年 1 月第 1 次印刷
定　　价:10.00 元

本书如存在文字不清、漏印以及缺页、倒页、脱页等,请与本社发行部联系调换

《江苏省气候变化评估报告》编写委员会

主　编：许遐祯

副主编：陈　燕　吕　军

编　委：解令运　刘文菁　汪　宁　张灵玲　买　苗
　　　　魏清宇　陈钰文　姜玥宏　夏　瑛

各章编写专家：

第1章：陈　燕　许遐祯　刘文菁

第2章：项　瑛　卢　鹏　夏　瑛

第3章：项　瑛　肖　卉　卢　鹏

第4章：陈　燕　汪　宁　吕　军

第5章：李　熠　买　苗　孙　磊

第6章：申双和　陶苏林

第7章：张灵玲　买　苗

第8章：陈　兵　孙佳丽　王　瑞

第9章：袁成松　黄世成　吴　泓

第10章：王让会　吕　雅

第11章：郑有飞　尹继福　陈　燕

第12章：赵巧华　欧阳潇然　钱昊钟

第13章：谢志清　杜　银　曾　燕

第14章：王坚红　苗春生

第15章：陈钰文　商兆堂　王　佳

第16章：徐　敏　吴洪颜　高　苹

《江苏省气候变化评估报告》参编单位

江苏省气候中心　南京信息工程大学
江苏省气象科学研究所　江苏省气象服务中心

《江苏省气候变化评估报告》评审专家

丁一汇	院士	国家气候中心
符淙斌	院士	南京大学
翟武全	局长	江苏省气象局
张祖强	司长	中国气象局应急减灾与公共服务司
杨金彪	副局长	江苏省气象局
翟盘茂	研究员	中国气象学会
巢清尘	副主任	国家气候中心
周广胜	研究员	中国气象科学研究院
江志红	教授	南京信息工程大学
王金星	副司长	中国气象局科技与气候变化司
刘洪斌	研究员	国家气候中心
袁佳双	处长	中国气象局科技与气候变化司
何　勇	处长	中国气象局应急减灾与公共服务司
许瑞林	教授	江苏省光伏产业协会
王让会	教授	南京信息工程大学
郑媛媛	正研高工	江苏省气象局
杜尧东	研究员	广东省气象局
林炳章	教授	南京信息工程大学
陈葆德	研究员	上海市气象局
李秉柏	教授	南京信息工程大学
祝从文	研究员	中国气象科学研究院

序　言

近百余年来,以全球变暖为主要特征的气候变化,对自然环境和经济社会所产生的影响越来越显著。江苏省委、省政府高度重视应对气候变化工作,早在 2007 年成立了江苏省节能减排工作领导小组,2010 年又成立了生态省建设领导小组,先后制定了应对气候变化的一系列政策、法规和规划,包括《江苏省应对气候变化方案》、《江苏省应对气候变化规划(2010—2020)》、《江苏省气象灾害防御条例》、《江苏省节约能源条例》、《江苏省气候资源保护和开发利用条例》等。在这些政策、法规和规划的指导下,一系列措施陆续得以有力实施,开展农业、水资源、气象、海洋、渔业、卫生、林业等领域的应对气候变化行动,优化能源与产业结构,加快新能源发展步伐,积极推进低碳试点,控制温室气体排放。

IPCC 历次评估报告、《气候变化国家评估报告》、《第二次气候变化国家评估报告》以及关于流域/区域气候变化影响评估报告与系列丛书等气候变化科学报告和专著,客观反映了气候变化领域的研究进展,集应对气候变化科学研究之大成,对我国气候变化适应和减缓发挥了重要的科学指导与支撑作用。但我国气候复杂多样,各地经济社会、环境生态差异性大,应对气候变化所面临的挑战也不相同。江苏省位于亚热带和温暖带的气候过渡区,也是我国经济最为发达的区域之一,气候变化和各种自然、社会因素交织,导致江苏经济社会对气候变化的脆弱性、敏感性日益加剧，而同时，还面临诸多挑战，如长三角经济带与城市群的绿色发展、海洋生态与太湖水环境的协调发展等，开展《江苏省气候变化评估报告》的编制显得十分必要。

江苏省气象局十分重视气候变化的科研及业务，组织相关领域的专家编制《江苏省气候变化评估报告》。报告对江苏气候变化的基本事实、已有和未来气候变化对江苏省有关地区、行业的影响等进行了认真调研和分析，发现近50余年来江苏的气候已经发生了明显变化，并且对农业、水资源、能源、交通、生态、人体健康、太湖蓝藻、沿江城市带、海岸带等诸多领域和地区产生了多方面的影响，未来这些影响还可能持续，据此提出加强政策导向、健全观测监测、强化科技支撑、完善应对措施、提高公众参与等适应气候变化的对策和建议。在此基础上，对科学问题进一步凝练，又形成了《江苏省气候变化评估报告决策者摘要》。

《江苏省气候变化评估报告》是江苏省首部气候变化综合评估报告，凝聚了江苏气候变化研究的主要成果，具有鲜明的区域特色，对政府决策部门、有关科技人员及广大读者有参考和启示意义，也为进一步研究江苏省气候变化及其影响提供了良好的基础。我很高兴为此撰写序言，并推荐给广大读者。

丁一汇

2016年7月20日

前　言

在全球气候变暖的背景下,极端天气气候事件趋多增强,对农业、水资源、生态系统等社会各方面造成了诸多影响。气候变化不仅是一个气候和环境问题,其事关人类可持续发展,引起了社会各界的广泛关注。

江苏省位于长江、淮河下游,我国大陆东部沿海中心,属于中纬度东亚季风气候区,气候温和、季风显著、气候要素年际变化较大、气象灾害时有发生。同时,人口众多、经济发达、城市化迅速、综合发展水平高,是长三角经济带的重要组成部分。在全球气候变暖的背景下,江苏的气候也发生了显著变化,极端天气气候事件引起的灾害损失日趋严重,造成了巨大的直接和间接损失。面对日益明显的气候变化及其影响,江苏省各级政府高度重视应对气候变化工作,完善组织建设,加强宏观规划,强化政策支持,扎实开展各项适应气候变化的行动,积极推进低碳试点,控制温室气体排放。

为了更好地为江苏省各级政府应对气候变化提供科技支撑,江苏省气象局于2012年开始组织江苏省气候中心、南京信息工程大学、江苏省气象科学研究所、江苏省气象服务中心的有关专家开展《江苏省气候变化评估报告》的编制工作,期间还邀请了国家气候中心、南京大学、江苏省发展与改革委员会、南京信息工程大学、上海市气象局、广东省气象局等多位专家对报告的结构、内容提出宝贵意见,力求做到科学、客观展示有关江苏省气候变化的相关成果。历时四年多认真、细致的工作,形成了《江苏省气候变化评估报告》,并在此基础上进一步凝练科学结论,完成《江苏省气候变化评估报告决策者摘要》。

《江苏省气候变化评估报告》重点分析江苏省近50余年的气候变化事实及其未来的可能变化趋势,评估其对社会、环境、经济等带来的影响,并提出适应性对策建议。全书分为三部分,共十六章。第一部分共五章,主要介绍江苏省气候变化事实、影响气候变化的主要因子、未来气候变化趋势。第二部分共六章,主要分析气候变化对江苏农业、水资源、能源活动、交通、生态系统和人体健康的影响,并提出对策与建议。第三部分共五章,主要分析气候变化对太湖蓝藻、沿江城市带、海岸带、江淮之间特色农业、淮北旱作物的影响,并提出对策与建议。

本书是在中国气象局气候变化专项"江苏省气候变化评估报告(CCSF201318)"和江苏省气象局专项的支持下编制并完成的,是江苏省首部气候变化综合评估报告。在编写和出版期间,得到了多方的帮助和支持。江苏省气象局翟武全局长、张祖强副局长(时任)、杨金彪副局长对本报告及决策者摘要的编制给予了全面指导和高度关注,专门成立了编写委员会,并多次参与报告有关章节内容的编制、审核工作。丁一汇院士、符淙斌院士、翟盘茂研究员、巢清尘研究员、周广胜研究员、刘洪斌研究员、王金星研究员、祝从文研究员、江志红教授、林炳章教授、许瑞林教授、李秉柏教授、郑媛媛正研高工、陈葆德研究员、杜尧东研究员、袁佳双高工、何勇高工等作为本书的指导专家,提出了许多的宝贵意见和建议。在此,对为本书的组织、撰写、审定与出版做出贡献的专家和领导表示衷心的感谢!

由于气候变化涉及内容面广,还有很多科学问题需要深入研究,编者水平有限,本书不足之处在所难免,敬请广大读者和专家批评指正,以便在今后的工作中不断完善。

编者

2016 年 3 月 4 日

目 录

序言

前言

1 引言 …………………………………… (1)
 1.1 《江苏省气候变化评估报告》的意义 ………… (1)
 1.2 《江苏省气候变化评估报告》的结构 ………… (1)

2 气候变化的观测事实与归因 …………………… (2)
 2.1 观测到的气候变化事实 ……………………… (2)
 2.2 气候变化的影响因子 ………………………… (5)

3 气候变化对相关领域的影响 …………………… (6)
 3.1 气候变化对农业的影响 ……………………… (6)
 3.2 气候变化对水资源和海岸带的影响 ………… (8)
 3.3 气候变化对能源活动的影响 ………………… (9)
 3.4 气候变化对交通的影响 ……………………… (10)
 3.5 气候变化对生态的影响 ……………………… (11)
 3.6 气候变化对人体健康和沿江城市带的影响 … (12)

4 气候变化趋势预估及其影响 …………………… (13)
 4.1 气候变化趋势预估 …………………………… (13)

  4.2 未来可能的影响 …………………………… (14)
5 应对气候变化的适应性策略 ……………………… (17)
  5.1 加强政策导向 …………………………… (17)
  5.2 健全观测监测 …………………………… (18)
  5.3 强化科技支撑 …………………………… (19)
  5.4 完善应对措施 …………………………… (19)
  5.5 提高公众参与 …………………………… (21)
重要概念 ………………………………………………… (22)
资料与方法 ……………………………………………… (24)

1 引言

1.1 《江苏省气候变化评估报告》的意义

江苏省人口众多、经济发达、城市化迅速、综合发展水平高。在全球气候变暖的背景下,江苏省的气候也发生了显著变化,极端天气气候事件引起灾害损失日趋严重,造成巨大的直接和间接损失,因此,积极开展应对气候变化工作十分重要。

《江苏省气候变化评估报告》(以下简称《报告》)开展气候变化的事实研究,服务于江苏应对气候变化工作;开展气候变化对重点领域的影响评估,服务于江苏生态文明建设;开展气候变化对关键区域的影响评估,服务于江苏地方经济建设。在科学研究的基础上,凝练出重要的气候变化科学结论,为各级政府和相关行业应对气候变化提供科技支撑。

1.2 《江苏省气候变化评估报告》的结构

《报告》分为三部分,共十六章:第一部分共五章,分析江苏省气候变化事实、影响因子、变化趋势预估;第二部分共六章,评估气候变化对江苏省农业、水资源、能源活动、交通、生态系统和人体健康的影响;第三部分共五章,分析气候变化对太湖蓝藻、沿江城市带、海岸带、江淮之间特色农业、淮北旱作物的影响。

《江苏省气候变化评估报告决策者摘要》根据《报告》的主要科学结论进一步凝练而成,详细内容可参见《报告》全文。

2 气候变化的观测事实与归因

2.1 观测到的气候变化事实

气温显著上升,冬季更明显。 江苏省年平均气温的多年(这里是指1981—2010年的平均,下同)平均值为15.3 ℃,年平均气温呈明显上升趋势,1961—2012年升温速率为0.27 ℃/10 a(图1)。2007年为16.4 ℃,是有观测记录以来最高的一年。冬季升温速率最快,夏季最慢。南京1905—2012年观测数据显示,升温速度为0.97 ℃/100 a,全球平均温度从1880—2012年大约升高了0.85 ℃,南京升温速度高于全球平均。

降水年代际变化明显,秋季减少。 江苏省年降水量的多年平均值为1020.6 mm,降水年代际变化明显,淮河流域

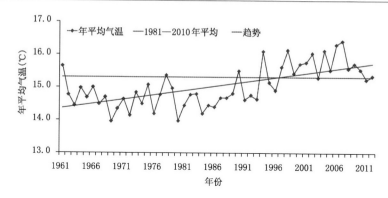

图 1　江苏省 1961—2012 年年平均气温

2000 年后进入多雨期，长江流域 2000 年后为少雨期。秋季降水明显减少，变化率为 $-3.8\%/10\ a$；夏季降水增多，变化率为 $2.1\%/10\ a$（图 2）。

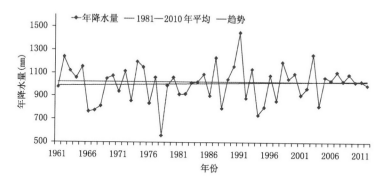

图 2　江苏省 1961—2012 年年降水量

日照时数下降，太阳辐射近年来有所回升。江苏省年日照时数的多年平均值为 2060.0 小时，年日照时数呈明显下降趋势。淮北、江淮北部和苏南东南地区减少速率在 $50\ h/10\ a$

以上。太阳辐射呈先下降后上升的变化趋势,20世纪60年代最高,80年代最低,近年来有所回升。

风速减小,内陆腹地和淮北大部更为明显。江苏省年平均风速为2.2～3.8 m/s,呈明显减小趋势。内陆腹地、淮北大部分地区的减少速率在0.3 m/s/10 a以上。

相对湿度降低,西部地区更为明显。江苏省年平均相对湿度为69%～80%,呈明显下降趋势,近52年下降了5.8%。西部地区下降趋势明显高于沿海地区。

苏南高温日数增加,淮北低温日数减少。江苏省年平均高温日数为7.9 d,南部高温日数增加,苏南地区最明显,增加速率约为2 d/10 a;高温初日年际振幅加大,终日呈偏晚趋势,极端最高气温呈上升趋势。年平均低温日数为52.3 d,持续减少,淮北和江淮北部减少趋势为6 d/10 a。

小雨日数减少,中雨日数增多,暴雨日数近年来偏多。江苏省年平均小雨、中雨、大雨和暴雨日数分别为78 d、19 d、7 d和3 d。小雨日数明显下降,变化率多为-4～-1 d/10 a;中雨日数增多,变化率多为0～1 d/10 a;暴雨日数缓慢上升,变化率多为0.1～0.4 d/10 a,近10多年来偏多的年份增加。大部分地区年最大日降水量呈增加趋势。

影响江苏的热带气旋21世纪缓慢增多。影响江苏的热带气旋平均每年3.1个,年际波动较大。21世纪以来,影响江苏的热带气旋个数缓慢增加,初次和末次影响时间均提前。

20 世纪 80 年代后梅雨期缩短,90 年代梅雨期暴雨最多。江苏省平均入梅日为 6 月 17 日,出梅日为 7 月 12 日,梅雨量为 236.8 mm。20 世纪 80 年代后,入梅偏晚,出梅偏早,梅雨期缩短。90 年代梅雨期内的暴雨频次明显多于其他年代,2000 年以后暴雨频次略有降低。

21 世纪雾日减少明显,霾日增加明显。江苏省年平均雾日为 33.7 d,20 世纪 90 年代较多,2000 年后多数年份偏少。年平均霾日为 15.9 d,2000 年后霾日呈明显上升趋势,近几年为历史最高,苏南地区增加最快。

2.2 气候变化的影响因子

气候系统内部活动是影响江苏省气候变化的主要自然因素。江苏省近 52 年的气候变化是自然因素和人为因素共同作用的结果。东亚季风、西太平洋副高、厄尔尼诺-南方涛动等是影响江苏的最主要气候系统内部活动。

温室气体是导致江苏省气候变暖的主要人为因素。温室气体在大气中充分混合,产生正的辐射强迫,对气候产生增暖效应。江苏省温室气体中二氧化碳排放量最大,约占总排放量的 85%;能源活动导致的温室气体排放量最大,约占总排放量的 80%。苏州大气中二氧化碳浓度为 423.8 ppm[①],甲烷

[①] 1 ppm=10^{-6}。

浓度为 2097.2 ppb[①]，高于全国平均水平。

气溶胶产生以降温为主的气候效应，影响气温分布。2000—2009 年江苏省气溶胶总体呈增加趋势，年平均气溶胶光学厚度约为 0.74，高于全国平均水平；苏南地区高于苏北地区，夏季高于其他季节。气溶胶产生以负辐射强迫为主的气候效应，使气温下降，这种影响范围和程度局地性较强，影响气温空间分布。气溶胶还与云和降水之间相互作用，改变云的辐射特征，影响降水。

城市化发展会产生以增温为主的气候效应。江苏省人口密集，城市化程度高、发展速度快，产生正辐射强迫，使得城市地区气温增高速率高于周围，城市相对湿度降低，但出现城市中心和下风方向的降水比上风方向大的城市增雨效应。

3 气候变化对相关领域的影响

3.1 气候变化对农业的影响

热量资源和水分资源增加，光能资源下降，复种指数潜力增加。1961—2012 年江苏省热量资源增加，最热月和最冷月

---

① 1 ppb＝10^{-9}。

的平均气温增幅分别为 0.10 ℃/10 a 和 0.32 ℃/10 a，无霜期延长，平均延长幅度为 5 d/10 a。水分收支略向盈余方向增加，增幅为 7.5 mm/10 a，参考作物蒸散量减少，变化趋势为 −2.4 mm/10 a。光能资源下降，≥0℃ 和 ≥10℃ 期间的光合有效辐射减小，分别为 −62.0 MJ/m^2/10 a 和 −29.2 MJ/m^2/10 a。复种指数潜力多年平均为 225.2%，由南向北递减，近年来呈增加趋势。

冬小麦和水稻可种植面积扩大，气象产量年代际波动较大。 冬小麦和水稻适宜种植区域均向东北移动，可种植面积总体扩大。气候条件在 20 世纪 60 年代末至 70 年代初、90 年代末至 21 世纪前 10 年初对冬小麦生产负面影响较大，在 70 年代至 80 年代初、80 年代末至 90 年代初以及 21 世纪前 10 年初对水稻生产负面影响较大。

农业气象灾害有增有减，农业病虫害年际波动明显。 农业气象灾害和病虫害江苏省均有不同程度发生。冬小麦苗期霜冻害减少，北部区域减幅最大，可达 −0.78 次/10 a；苗期、拔节期涝渍略有增加，孕穗期和抽穗灌浆期涝渍略有减少。南部一季稻抽穗扬花期高温热害略有增加。沿江及太湖地区小麦赤霉病病穗率最高，但呈减少趋势，里下河地区其次，但有所升高。宜兴与赣榆易发生严重的稻飞虱，发生严重褐飞虱站点减少，发生严重白背飞虱站点增加。

江淮之间特色水产养殖期增长，产量稳步增加。 江淮之间高温热害较少,特别是里下河地区,平均每年出现 5.3～9.8 d,夏季相对温和的天气条件有利于河蟹个体增大;虾类养殖期的平均降水量为 688.2～769.9 mm,水量充沛;养殖期内江淮北部暴雨日多于南部,东部多于西部,易出现养殖池塘水质浑浊、水体偏瘦现象,引起虾蟹类疾病多发。江淮之间在啤酒大麦拔节孕穗至抽穗结实之间的平均气温,近 50 年增幅较小;生育期内降水量略有下降。

淮北玉米和大豆农业气候资源相对充裕,相对气象产量 21 世纪波动较大。 玉米和大豆生育期内,$\geqslant 10℃$ 的活动积温各年均在 2900 ℃·d 以上,满足其生长发育的热量需求;日照时数与太阳总辐射呈显著下降趋势,分别为 -48 h/10 a 和 -75 MJ/m^2/10 a,降低了光合作用;水分供应相对充足。21 世纪气候资源的异常年际波动对玉米和大豆的相对气象产量影响较大。

3.2 气候变化对水资源和海岸带的影响

地表水资源受降水年代际变化影响较大。 受本地降水和上游来水的影响,江苏省地表水资源有明显的年际和年代际变化。20 世纪 90 年代长江流域为多雨期,长江江苏段径流出现峰值;近 10 多年来淮河流域为多雨期,其中 21 世纪以来有 7 年降水偏多,径流较大。

极端降水事件易造成洪涝和干旱。20世纪90年代长江中下游暴雨增多导致江苏省南部发生多次洪涝。淮河流域70年代后期至90年代末,降水少,多干旱;21世纪以来极端降水发生频次显著增多,导致主汛期降水偏多,其中2003年主汛期降水达1000 mm,造成江苏省淮河片多年不遇的洪灾。

海平面高度缓慢升高,热带气旋和寒潮大风强度增加,易引发风暴潮。江苏省海域海平面高度近20多年间逐步升高。影响江苏省海域的热带气旋、寒潮大风的强度呈逐渐增加趋势,和潮汛相叠加,会增加发生风暴潮的可能性。近10多年来夏季和秋季海温有所上升。

3.3 气候变化对能源活动的影响

采暖能耗减少,降温能耗增加。采暖度日呈不断减少趋势,2000年以后采暖度日比20世纪60年代减少12.4%;近年来采暖初日推迟了11 d,终日提前12 d,采暖期明显变短。降温度日呈现先减少后增加的变化趋势,2000年以后降温度日比60年代增加13.4%,苏南地区尤为明显;近年来降温初日提前14 d,降温期增加12 d。

极端天气气候事件影响能源生产和供应。高温日数增多,夏季用能和电力负荷增大;雾凇和雨凇日数减少,降低了输电线路发生覆冰的可能;大风日数大幅度减少,降低了强风对输电塔、输电线路倒塌的影响。极端天气气候事件造成的损失增大，2008年年初的冰冻灾害、2013年夏季的强高温等极端天气气候事件给能源活动带来巨大影响。

江苏省沿海风能资源最丰富，太阳能资源较丰富且稳定。风能资源主要集中在沿海地区，沿海陆上70 m高度200 W/m²以上的技术开发量达1470万kW；滩涂和海上风能资源更丰富，是未来开发利用的重点地区之一。太阳能资源较丰富且稳定，太阳总辐射年总量在4380～5130 MJ/m²，其中连云港太阳能资源最丰富。

3.4 气候变化对交通的影响

雾对东南沿海公路交通影响最大，对北部影响呈增加趋势。雾是交通视程障碍的主要气象因素，江苏省能见度小于1000 m雾日数东南沿海多，西部偏少，沈海高速公路江苏段、启扬高速公路等受雾天影响概率较大。公路交通部门采取限速管制和封路等措施的强浓雾（能见度小于200 m）和特强浓雾（能见度小于50 m）分别约占雾日的20%～30%和10%。近年来，泰州南部和盐城北部的雾日减少，徐州、连云港和宿迁交界处雾日增加，连霍高速和新扬高速受雾天影响概率增加。

江苏省道路湿滑日数北少南多，苏中北部及苏北地区呈减少趋势。70%以上的交通事故与降水引发的路面湿滑有关,道路湿滑日数北少南多,其中宁杭高速江苏段最多。道路湿滑区域分布整体向南推移,盐城南部、扬州和泰州北部的道路湿滑日数减少较明显。

淮北路面结冰风险等级最高,风险区域分布呈向北推移趋势。道路结冰风险等级北高南低,赣榆最高。各级风险分布区域呈向北推移趋势,其中宿迁和淮安风险等级降低最明显。

3.5 气候变化对生态的影响

气温是影响植被覆盖度的最主要自然因素。植被覆盖度与气温呈显著的正相关关系,同时与春、夏、秋、冬四季气温正相关。2000年江苏省平均植被覆盖度为73.3%,北部、中部较高,南部较低;2012年为71.1%,西北部、中部较高,东南部较低。

气温与降水是影响生态系统生产力的重要自然因素。大约90%以上的农田生态系统、草地生态系统和气温呈正相关,84%的森林生态系统和气温呈正相关,水域湿地生态系统受气温和降水的影响相当。2000—2012年江苏省植被年均净初级生产力为529.2 gC/(m^2·a),由南向北逐渐增加。

近10多年来,农田和森林生态系统质量基本稳定。生态系统的稳定面积比例为58.40%,退化面积与改善面积基本持平;农田生态系统、森林生态系统质量基本保持稳定,草地生态系统、城镇生态系统质量存在退化现象,水域湿地生态系统质量有明显改善。

水域湿地生态系统服务价值的贡献量最大,并呈增长趋势。2010 年江苏省水域湿地生态系统服务价值为 1025.97 亿元,其次是农田生态系统和森林生态系统,分别为 289.22 亿元和 287.36 亿元。草地生态系统和城镇生态系统的生态服务价值较低。

气候变暖是影响太湖蓝藻水华首次暴发时间及持续时间的关键因素。太湖湖泊水体营养盐丰富,2000 年以来,蓝藻水华首次暴发时间逐渐提前,持续时间增加。冬春气温升高易促使蓝藻水华提前暴发,春秋气温升高易造成持续时间延长。降水减少使水体中污染物和营养盐浓度升高,有利于蓝藻生长。风速降低减弱水体扰动,利于蓝藻上浮聚集,形成水华;东南风为主导风向且风速较小时,易在无锡竺山湾、梅梁湾形成藻类堆积。

3.6 气候变化对人体健康和沿江城市带的影响

寒冷造成的不舒适减小,炎热造成的不舒适增加。冬季气温升高使得寒冷造成的不舒适显著减少,北部地区尤为明显。炎热造成的不舒适增加,苏锡常地区增加较多。

中南部高温热浪频数增加,对公众健康的不利影响增加。高温热浪过程主要出现在江苏省中南部,常州、无锡和苏州等区域高温日数增长率为 1.8~3.6 d/10 a。高温热浪过程易造成人群超额死亡,对女性超额死亡率的影响稍大于男性;夏季初比季节中末阶段的危害大;对老年人及婴幼儿危害更大。

空气污染事件增多,呼吸系统疾病死亡率增加。 大气污染物增多,易发生雾霾天气。近年来,沿江苏南地区霾日平均每 10 年增加 10 天。雾霾中的细颗粒物易成为各种有害物质的载体,诱发呼吸系统、心脑血管等疾病,江苏省近年来呼吸系统疾病死亡率增加,2011 年为 73.2 人/10 万人,2012 年上升至 84.22 人/10 万人。

沿江城市带热岛效应益发显著。 受全球气候变暖和近 20 年来快速城市化影响,原有的气温分布格局已被打破,2000 年以来,沿江城市带城市化呈不断增加的态势,城市地表温度逐渐上升,城市热岛面积不断扩大,城市扩张与热岛分布在空间上呈一致性。苏锡常城市化对极端温度的增幅为 0.3~0.4 ℃,比同期长三角城市群的平均值高 0.15 ℃。

4 气候变化趋势预估及其影响

4.1 气候变化趋势预估

年平均气温升高,冬季增幅大于夏季,北部增幅大于南

部。在 RCP8.5 情景下,至 2020 年、2030 年和 2050 年江苏省年平均气温分别上升 1.0~1.1 ℃、1.4~1.5 ℃和 2.1~2.4 ℃(图 3)。

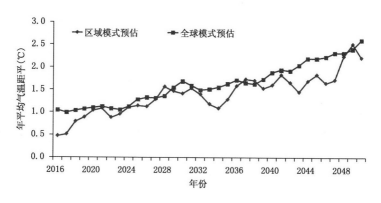

图 3　江苏省未来年平均气温距平(相对于 1961—2005 年)

年降水量变化趋势不明显。未来的年降水量无明显变化趋势,南部降水变化幅度略大于北部。

低温事件减少,小雨日数减少。未来全省各地低温日数明显减少,且减少天数逐渐增加。小雨日数减少,中部和南部地区较明显。

4.2　未来可能的影响

农业:一季稻光温生产潜力总体增加,冬小麦气候生产潜力南减北增,不稳定性均增加。未来江苏省一季稻光温生产潜力增加,淮北地区的增幅大于江淮之间和苏南地区,若不考虑灌溉,水分条件是最主要的限制因素。冬小麦气候生产潜力南减北增,大部分地区冬小麦生长的水分与热量条件配置并不合理。未来一季稻光温生产潜力和冬小麦气候生产潜力的年际波动加大,不稳定性增加,且随着时间的推移,南北差异增大。未来淮北地区夏玉米和大豆生育期内活动积温总体增加,光能资源充足,降水变幅加大,水分资源有所不足,可能会对玉米、大豆产量造成影响。

水资源:旱涝灾害风险增加,水资源更为脆弱,供需矛盾加剧。未来江苏省降水年际变化明显,降水异常偏少的年份较多,淮河流域在2020—2030年夏季降水减少较明显,易出现干旱;降水年内分配更不均匀,雨水更集中在汛期,旱涝灾害风险增大,水资源更脆弱。

能源:采暖能耗减少,降温能耗增加,夏季能源供需矛盾加剧,太阳能、风能仍有开发潜力。未来气温升高,冬季采暖度日呈下降趋势,下降率为68.7 ℃·d/10 a,淮北下降最快,采暖能耗也将相应减少。夏季高温使得降温度日上升,上升率为23.3 ℃·d/10 a,苏南上升最快,可能加剧夏季能源供需矛盾。未来江苏省海岸带北部风速年际变化较大,在风能源开发上应重视提高技术能力。

交通:极端天气气候事件增加及交通大发展,给交通安全和运营管理带来新挑战。未来极端天气气候事件增加,对交通工程的规划设计、建设、营运将会产生影响。雾霾频发极易造成公路交通客运受阻和航班延误,增加交通运输成本;冬季气温增高,可延迟积雪冰冻的形成,降低积雪冰冻厚度,加快融化,减少事故的发生;强降水日数呈上升趋势,由此引起的洪涝、泥石流等灾害会对公路交通基础设施造成较大破坏,台风等极端天气的发生也会加大水路运输的危险,干旱范围扩大将增加内河运输成本。

生态:水热条件变化有利于增强植被固碳能力,也有利于太湖蓝藻水华提前暴发。江苏省 2020 年植被净初级生产力较 2010 年减少 10.6%,2030 年较 2020 年略微有所增加,增幅为 0.7%。植被净初级生产力主要集中在 800～1500 gC/(m^2a)这一更高的范围内,这表明植被固碳能力增强。未来温度、降水将改变太湖水体热力结构,如遇水营养盐含量偏高的情况,将有利于蓝藻水华暴发提前,持续时间延长。

人体健康:气候变化引起人体健康的潜在危险增大。未来极端天气事件增加,夏季热浪、严重空气污染等事件会导致相关疾病、伤害和死亡增加,地面臭氧浓度增加会导致心肺疾病的发病率上升,部分传染性疾病的患病风险增加。未来气候变化也会带来某些正面效益,江苏省各地的冬季人体舒适度均呈增加趋势,但总体上这些效益预计将会被其负面影响所抵消。

城市:气候变化使城市安全运行的风险加大。未来城市地区升温将更加显著,极端高温事件增多,强降水频次和事件可能增加,城市内涝发生的可能性增加,对城市安全运行造成不利影响。

5 应对气候变化的适应性策略

5.1 加强政策导向

加强生态文明建设,强化生态系统的管理和保护。 制定和完善生态系统保护的法律法规,加强重点生态功能区保护和管理,促进生态系统功能恢复。开展生态环境资产核算,开展资源环境承载力的评估。建设长江和洪泽湖—淮河入海水道两条水生态走廊,建设海岸带和西部丘陵湖荡屏障,全面提升生态红线区域的管理和保护水平。

调整产业结构,加强节能减排,推进低碳城市建设。 强化产业转型升级,调整产业结构,淘汰落后产能,通过结构性降碳控制温室气体排放。大力发展低耗能、高附加值的高新技术产业、环保产业。优化能源结构,提高低碳或非碳能源比重,加强风能、太阳能等清洁能源的调查、勘探、评价和利用。

加强城市规划,提升城市适应气候变化的能力。 合理规划城市布局,优化城市绿化带、通风带和水体的合理布局,建设城市生态走廊,缓解城市热岛效应。开展雨型分析,修订暴雨公式,提高排水管道设计标准,按照建设"海绵型城市"要求,建立健全城市排水防涝体系。科学制定城市交通、用水、用电等生命线基础设施的设计标准,制定灾害风险管理措施和应对方案,提高气候变化风险管理水平。

5.2 健全观测监测

强化温室气体监测评估,完善温室气体排放统计核算机制。 构建温室气体观测网,开展温室气体的长期监测、定期评估。健全覆盖能源活动、工业生产过程、农业、林业、废弃物处理等领域的温室气体基础统计和调查制度,完善温室气体排放统计核算机制。

加强森林和湿地等生态系统的监测,完善太湖蓝藻水华监测预警。 加强森林生态系统气候、水文、土壤、植被等要素的长期监测,对已纳入湿地保护体系中的湿地实行重点监测。针对太湖蓝藻水华易发的重点区域建立水华预警系统,实现对蓝藻水华形成、漂移、堆积现象的预测以及预警。

建立空气污染对人体健康影响监控系统,加强公共卫生服务体系建设。 在城市地区加强空气污染、疾病就诊、死因监测,推进人体健康资料信息化建设,建立生物或统计预测模型,开展空气污染对人体健康风险的评估。加强公共服务体系建设,完善应急预案和干预措施,提高医疗救治能力。

5.3 强化科技支撑

加强适应气候变化研究,加强人才队伍建设。加强适应气候变化领域相关研究机构建设,构建跨学科、跨行业、跨区域的适应技术协作网络,系统开展适应气候变化科学研究,加强气候变化领域人才队伍的建设,构建气候变化管理和研究团队。

加强低碳技术研究,提高能源使用效率。加强能源生产、输送、利用的技术研究,提高能源使用效率;加强开发替代能源技术,提高清洁能源在总能源中的比重;科学制定采暖、制冷耗能新标准,合理调配能源供给和消费;加强气候变化背景下的能源安全运行保障技术研发;加强碳交易市场、低碳技术的研究。

5.4 完善应对措施

加强极端天气气候事件的预测预警,保障气候安全。提高气象灾害预测能力,提高预测精细度、实效性和准确率,扩大灾害信息服务的覆盖面。开展主要气象灾害风险区划评估、气候变化影响评估,加强对城市规划、经济开发、农业结构调整等项目的气候可行性论证,强化能源和交通生命线的气象灾害预警和评估,充分利用气候资源,降低气候风险,保障气候安全。

调整农业种植制度,改善农业基础设施。考虑气候条件变化,引进和培育抗旱、抗涝、抗高温、抗低温等抗逆品种,优化品种结构。充分利用光温水气候资源,关注农业气象灾害的变化,调整农业种植制度。淮北地区应注意控制早熟种、中熟种水稻种植面积,视具体条件,稳定和增加晚熟种一季稻(特别是粳稻)种植规模,积极防御小麦冻害。江淮之间可维持现有水稻和小麦种植规模,稳定稻麦两熟制,适当种植晚熟种一季粳稻或晚粳,做好水稻高温热害监测和防御工作,注意半冬性和春性冬小麦合理布局。江南地区在土地资源允许的条件下可适当增加水稻和小麦种植面积或轮作,增加春性冬小麦种植,加强水稻高温热害监测和防御。加强现代农业基础设施建设,推广高效设施农业、无公害清洁农业,完善农田水利设施,保证有效灌溉面积。

加强水资源管理和水污染治理力度,加强海洋生态环境建设。全面规划,加强多种水资源的统一配置和调度,制定主要江河水资源分配方案,加快推进治江治淮治太、南水北调东线、江水东引、引江济太、沿海水利等重点水利工程建设,科学有效利用空中云水资源。加强水环境治理,提高污水去除氮磷的能力,加强河湖水生态系统保护。加强沿海高标准基干林带建设,持续推进纵深防护林体系建设。大力发展节约型、生态型渔业和生态旅游,充分发挥其蓝色碳汇功能。

加强交通管理综合实力,提升交通运输安全水平。进一步完善路网布局和结构,切实提高现有交通基础设施网络使用效率并加强应急管理。联合公安、交通运输、环保、气象、医疗救护部门,加强协作联动,加强高速公路、水路运输在大雾、暴雨等高影响天气时的监控、预警、预报、路面巡查、管制分流,健全完善交通应急指挥调度系统。

5.5 提高公众参与

加强生态文明理念宣传,培养低碳行为方式。提高低碳意识,鼓励居民使用公共交通、节能生活产品,提高用水效率,倡导保护生态文明、适度消费、应时消费和低碳消费,以降低生活消费的碳排放量。

普及公众健康知识,提高防御极端天气气候事件的意识。加大宣传,通过电视、电话、手机短信等媒介发布人体舒适度、紫外线强度、空气质量等多种指数,发布健康出行建议,提醒公众采取适当措施预防不利气象条件引发的疾病。

重要概念

气候:指长时期内(月、季、年、数年、数十年或数百年以上)天气的平均或统计状况,通常由某一时期的平均值、距平值以及极值表征。

气候变化:指不同时间段气候平均值和距平值两者之一或两者都出现统计意义上的显著变化。变化越大,表明气候变化的幅度也越大,气候状态也越不稳定。

气候预估:对气候系统响应温室气体和气溶胶的排放或浓度情景或辐射强迫情景所作出的预估,通常基于气候模式的模拟结果。气候预估主要依赖于所采用排放/浓度/辐射强迫情景的各种假设,因此,具有相当大的不确定性。

高温:日最高温度≥35 ℃称为高温日。每年第一次出现日最高气温≥35 ℃的日期称为高温初日,最后一次最高气温≥35 ℃的日期为高温终日,持续时间多于3天的连续高温称为高温热浪。

雾霾:雾是指水汽充足、微风及大气层稳定的情况下,近地面空气中的水汽因冷却凝结成细微的水滴悬浮于空中,使地面水平能见度下降至1000 m以下时的天气现象。霾是指大量极细微的干尘粒等均匀地浮游在空中,使水平能见度小于 10 km 的空气普遍有混浊现象，相对湿度小于 80%。

温室气体：是指那些允许太阳光无遮挡地到达地球表面、而阻止来自地表和大气发射的长波辐射逃逸到外空并使能量保留在低层大气的化合物。包括水汽、二氧化碳、甲烷、氧化亚氮、六氟化硫和卤代温室气体等。

气溶胶：空气中固态或液态颗粒物的聚集体，通常直径为 0.01~10 μm，能在大气中驻留至少几个小时。它们能作为水滴和冰晶的凝结核、太阳辐射的吸收体和散射体，并参与各种化学反应，是大气的重要组成部分。

趋势产量、气象产量和相对气象产量：作物的产量可分解为趋势产量、气象产量和随机误差三部分，以区分自然和非自然因素对粮食作物的影响。趋势产量反映历史时期生产力发展水平的长周期产量分量，也被称为技术产量。气象产量是受气象要素为主的短周期变化因子影响的波动产量分量，相对气象产量为气象产量和趋势产量之比。

生产潜力：生产潜力包括光合潜力、光温潜力和气候生产潜力三部分。光合潜力反映农作物在最适宜条件下的最大生物学产量。光温潜力反映仅由太阳辐射和温度条件所决定的生物生产力。气候生产潜力反映光温生产潜力受水分条件限制而衰减后的作物生产潜力。

地表水资源量：指河流、湖泊、冰川、沼泽等地表水体逐年更新的动态水量，即当地天然河川径流量。它反映水资源丰枯情况,是水资源供需平衡分析的重要指标。

采暖度日、降温度日:年采暖度日指一年中当某天室外日平均温度低于 18 ℃时,将低于 18 ℃的度数乘以 1 d,并将此乘积累加。年降温度日指一年中,当某天室外日平均温度高于 26 ℃时,将高于 26 ℃的度数乘以 1 d,并将此乘积累加。

净初级生产力(NPP):指植物在单位时间、单位面积,由光合作用产生的有机物质总量中扣除自养呼吸后的剩余部分,单位为 $gC/(m^2 \cdot a)$,反映了陆地植被的固碳能力。

富营养化:水体中由于营养盐的增加而导致藻类和水生植物生产力的增加、水质下降等一系列的变化,从而使水的用途受到影响的现象定义为湖泊的富营养化。

资料与方法

1. 资料:1961—2012 年江苏省 59 个国家级气象台站观测资料;8 个全球模式和 1 个区域模式的 RCP4.5 和 RCP8.5 情景下的气候变化模拟预估数据,本报告重点关注高端路径 RCP8.5;历年江苏统计年鉴、中国能源统计年鉴中的统计数据;历年长江流域及西南诸河水资源公报和治淮汇刊年鉴;陆地卫星 Landsat5 TM 数据、MODIS/Terra 合成的植被指数产品等。

2. 评估方法：采用文献评估和专题研究相结合的方法，评估气候变化的影响。《报告》共采用600余篇正式发表的科学文献。专题研究采用统计分析、问卷调查、专业模型进行研究。采用IPCC第五次评估报告中推荐的置信度和可能性来判断不确定性。